Govind Singh
Sanjeev Kumar Shukla
Kedar Singh Shahi

Patogénese e opções terapêuticas do carcinoma da vesícula biliar

Govind Singh
Sanjeev Kumar Shukla
Kedar Singh Shahi

Patogénese e opções terapêuticas do carcinoma da vesícula biliar

Patogénese do GBC

ScienciaScripts

Imprint

Cover image: www.ingimage.com

This book is a translation from the original published under ISBN 978-3-639-76282-2.

Publisher:
Sciencia Scripts
is a trademark of
Dodo Books Indian Ocean Ltd. and OmniScriptum S.R.L publishing group

120 High Road, East Finchley, London, N2 9ED, United Kingdom
Str. Armeneasca 28/1, office 1, Chisinau MD-2012, Republic of Moldova, Europe
Printed at: see last page
ISBN: 978-620-8-07166-0

Resumo

O cancro da vesícula biliar é uma doença rara que pode ser diagnosticada incidentalmente na colecistectomia, frequentemente com doença mais avançada. A iterícia é considerada um sinal ominoso na apresentação do cancro da vesícula biliar. Pensa-se que o proto-oncogene K-ras exerce controlo sobre alguns dos mecanismos de crescimento e diferenciação celular. Este gene é convertido num oncogene ativo por mutações pontuais significativamente concentradas nos códons 12, 13 ou 61. A família Ras é constituída por três genes localizados em cromossomas diferentes, que codificam as proteínas homólogas de 21 kDa H-Ras, N-Ras e K-Ras. O p53 actua como o gene mais importante no cancro, uma vez que uma única mutação pode levar à génese do tumor. As funções do p53 foram ainda mais diversificadas com a descoberta de várias isoformas do p53. Estas isoformas, derivadas quer de splicing alternativo quer de locais de translação diferenciados, são expressas de forma específica para cada tecido. A influência da isoforma p530 na atividade da p53, quer pela sua repressão transcricional, quer pela formação de um complexo com a p53, modulando assim a sua atividade em promotores dependentes da p53. Os papéis das terapêuticas adjuvantes e neoadjuvantes no tratamento do cancro da vesícula biliar permanecem pouco elucidados.

Autor correspondente

***Dr. Govind Singh, M.D. Bioquímica**
Departamento de Bioquímica, Faculdade de Medicina do Governo
Haldwani, Nainital, Uttarakhand, Índia 263139
ID do correio eletrónico: govindsingh82@gmail.com
Número de contacto: +918191054893

Índice

1. **Introdução**

O cancro da vesícula biliar é uma doença rara, embora seja a doença mais comum do trato biliar. A sua incidência tem aumentado nos últimos 20 anos. Este aumento pode resultar da crescente prevalência da colecistectomia laparoscópica, que é responsável pela descoberta acidental de cancro da vesícula biliar (Adachi et al 2017). Com o aumento da incidência do cancro da vesícula biliar, a colecistectomia laparoscópica permitiu uma deteção mais precoce e melhorou a sobrevivência do que antes era considerado uma doença associada a um prognóstico sombrio (Agarwal et al 2015; Qadan et al 2016; Naim et al 2017). Um ator central na proteção da integridade do genoma é a p53. A proteína p53 é expressa em níveis baixos em condições normais. A via da p53 é activada por qualquer stress celular que altere a progressão normal do ciclo celular ou que possa induzir mutações no genoma, levando à transformação de uma célula normal numa célula cancerosa Masri (2018). Dependendo do tipo de tecido e da extensão dos danos, a proteína p53 activada interrompe o ciclo celular para reparar as lesões ou ativa as vias de morte celular programada (apoptose), forçando as células danificadas a cometer suicídio. A proteína p53 impede a multiplicação das células danificadas, que têm maior probabilidade de conter mutações e de apresentar um crescimento celular anormal do que as células não danificadas. A proteína p53 é a guardiã do genoma, impedindo a formação de cancro. A atividade supressora de tumores da p53 ainda não é completamente compreendida (Shen et al 2017; Ahmed et al 2018; Munoz et al 2018).

2. **Inquérito**

O questionário tem quatro partes: (1) informações gerais e comportamento de vida dos pacientes, incluindo sexo, idade, ocupação, passatempos e história menstrual e reprodutiva; (2) história médica e familiar, incluindo cálculos biliares, colecistite, tumores malignos e outras doenças gastrointestinais; (3) caraterísticas clínicas e métodos de diagnóstico, incluindo duração da doença, principais sintomas e sinais, e exames de imagem e bioquímicos realizados; e (4) caraterísticas patológicas e dados de tratamento, incluindo localização do tumor, tamanho, metástase, tipo histológico e métodos cirúrgicos Colangiografia. Entre as técnicas colangiográficas, a colangiopancreatografia retrógrada endoscópica (CPRE) e a colangiografia trans-hepática percutânea (CPT) são as mais úteis para diagnosticar o CG e a sua disseminação para a árvore biliar. Em doentes com iterícia, a CPRE e a CPT são úteis para localizar a obstrução, facilitar a colocação de stents através da obstrução, estabelecer um diagnóstico por amostragem e planear procedimentos cirúrgicos, uma vez que podem mostrar o crescimento do tumor nos ductos intra-hepáticos adjacentes ou no ducto biliar comum. A CPRE é principalmente útil em doentes não ictéricos com sintomas biliares, na ausência de ductos biliares intra-hepáticos dilatados. A CPRE também pode efetuar citologia e biópsia (Anderloni et al., 2017).

3. **Proto-oncogenes**

Os proto-oncogenes desempenham papéis críticos numa variedade de vias reguladoras do crescimento e os seus produtos proteicos estão distribuídos por muitos compartimentos subcelulares. Os alelos variantes oncogénicos presentes nos cancros têm alterações sustentadas de ganho de função resultantes de mutações pontuais, rearranjos cromossómicos ou amplificações de genes das sequências do proto-oncogene. Enquanto os alelos oncogénicos abrigam mutações activadoras, os genes supressores de tumores são definidos pela sua inativação no cancro humano (Bakshi et al 2017; Takahashi et al

2017) .

4. Genes supressores de tumores

Um gene supressor de tumor, designado como anti-oncogene, é um gene que protege uma célula de desenvolver propriedades cancerígenas, quando este gene sofre uma mutação que causa uma perda ou redução da sua função, a célula pode progredir para cancro, geralmente em combinação com outras alterações genéticas (Bargellini et al 2018; Takeda et al 2017).

5. Vias supressoras de tumores

As células escapam ao controlo do crescimento através da ativação de oncogenes/supressores tumorais chave em vias moleculares. Estas vias evoluíram para integrar sinais de crescimento positivos e negativos de acordo com a função celular e o microambiente durante o desenvolvimento normal e a reparação dos tecidos. A via RB e a via p53 são ambas frequentemente visadas na tumorigénese e a mutação que ocorre em cada via depende do tipo de tumor (Tarantino et al 2017; Bharamgoudar et al

Fig: 1 Vias clássicas de P^{53}

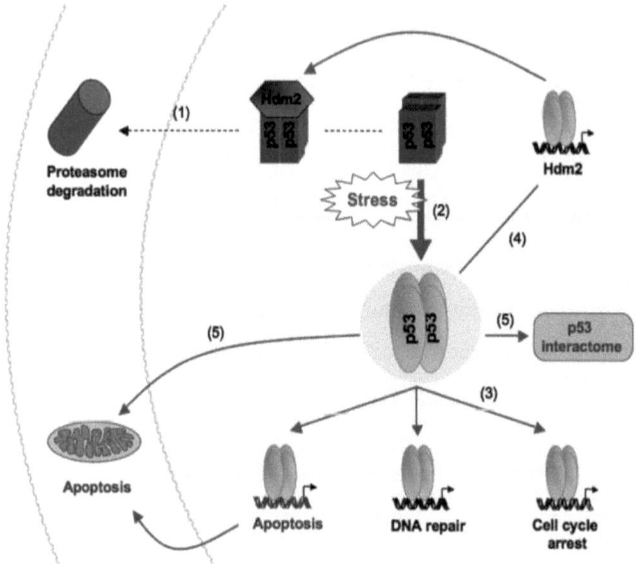

6. gene P53

A proteína supressora de tumores p53 foi descrita pela primeira vez em 1979 e dez anos depois identificada como supressora de tumores e em humanos, o gene p53 que contém 11 exões está localizado no cromossoma 17p13.1, a proteína codificada tem aproximadamente 53 kDa de tamanho, contendo 393 aminoácidos (Trenker et al 2017; Bittencourt et al 2018).

6.1. Estrutura do p53

Existem quatro domínios conservados na p53. O domínio N-terminal é necessário para a transactivação da transcrição. Um domínio central hidrofóbico de ligação ao ADN específico da sequência, composto por duas folhas beta e um átomo de zinco que estabiliza a estrutura. Um domínio de tetra merização perto da extremidade C-terminal. O domínio C-terminal interage diretamente com o ADN de cadeia simples (Vasconcellos et al 2017).

Fig: 2 Estrutura do gene P53

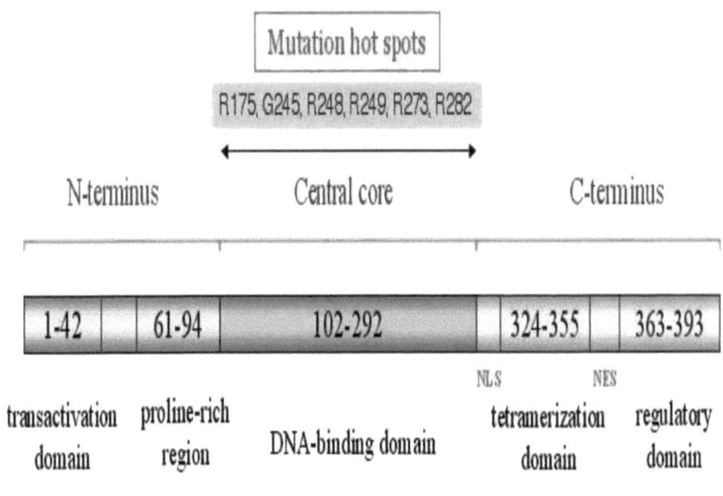

6.2. Funções da proteína p53

Os primeiros identificados foram a inibição do crescimento anormal das células e o desencadeamento da morte celular programada. Como esses processos garantem a integridade genômica ou destroem a célula danificada, o p53 foi chamado de guardião do genoma (Vassella et al 2015; Bo et al 2017). p53 é um fator de transcrição nuclear específico da sequência que se liga a locais de consenso definidos dentro do DNA como um tetrâmero e afeta a transcrição de seus genes-alvo (Braun et al 2017). p53 regula esses genes por ativação transcricional ou modulando outras atividades de proteínas por ligação direta. A ativação de genes-alvo induzida pelo p53 pode resultar na indução da paragem do crescimento antes da replicação do ADN na fase G1 do ciclo celular ou antes da mitose na fase G2. A paragem do crescimento permite a reparação do ADN danificado. Através da morte celular programada, que é frequentemente designada por apoptose devido ao seu aspeto morfológico, as células danificadas para além da reparação são eliminadas, impedindo assim a fixação dos danos no ADN sob a forma de mutações. A importância da mutação do p53 na biologia das células tumorais é irrefutável. O p53 de tipo selvagem medeia funções imperativas como a regulação do ciclo celular e a morte celular programada. A deficiência da função p53 por mutação ou inativação anula os pontos de verificação normais do ciclo celular e a apoptose, gerando um meio favorável à instabilidade genómica e à carcinogénese (Burchell et al 2017; Yoon et al 2018).

7. Ras oncogénico

Os genes ras dos mamíferos são considerados cruciais na regulação da proliferação celular. Nos mamíferos, a família ras é constituída por três genes localizados em cromossomas diferentes, que codificam as proteínas homólogas de 21 kDa H-Ras, N-Ras e K-Ras. Estima-se que 30% de todos os cancros humanos expressam formas mutadas de ras (Zhang et al 2017; Castelo et al 2018). O sinal de Ras pode ter efeitos negativos ou positivos no crescimento, diferenciação e morte celular (Castro et al 2014). O sinal é subsequentemente transmitido por uma cascata de cinases. A via Ras-MAPK está aparentemente envolvida na regulação dos níveis basais e induzidos de p53 e a p19ARF é necessária para a acumulação oncogénica de p53 induzida por Ras (Zhu et al 2018).

8. Funções biológicas e bioquímicas das isoformas do p53

As isoformas do p53 diferem pela ausência de domínios estruturais e funcionais que podem alterar as propriedades bioquímicas conhecidas como essenciais para as funções supressoras do p53. Apenas um motivo é comum a todas as isoformas, a porção do domínio de ligação ao DNA (resíduos 133-257), que é estabilizado por um átomo de zinco e fornece o motivo estrutural que se liga no sulco menor do DNA (Chaly et al 2017). As isoformas da p53 podem exercer os seus efeitos por dois mecanismos: propriedades funcionais autónomas, diferentes das da p53, e/ou modulação da atividade da p53. Todas as isoformas de p53 discutidas acima parecem conservar alguma atividade de ligação ao ADN.

9. **Factores genéticos do carcinoma da vesícula biliar**

As taxas de prevalência relatadas de mutações do gene ras em séries de carcinomas da vesícula biliar são bastante variáveis. Embora as mutações do gene ras não tenham sido detectadas nalgumas pequenas séries, dois outros grupos relataram um maior número de mutações do gene K-ras em 39 a 59% dos doentes. Todas as mutações ocorreram no códão 12 do gene K-ras. No entanto, este local tem sido a região do gene K-ras mais intensamente analisada. Foi relatada uma maior frequência (50 a 83%) de mutações no gene K-ras em carcinomas da vesícula biliar de pacientes com junção anómala do ducto pancreático-biliar, sugerindo que o refluxo do suco pancreático pode contribuir para o processo carcinogénico (Choi et al 2017). As anomalias do gene p53 são frequentes nos cancros da vesícula biliar. Embora a frequência da imunomarcação do p53 no carcinoma da vesícula biliar varie amplamente (variando de 35 a 92 por cento). A maioria dos estudos de mutação do p53 no carcinoma da vesícula biliar confirmou a imunomarcação (14%), dois terços dos estudos mostram uma frequência superior a 50%. A maioria dos estudos de mutação do p53 no carcinoma da vesícula biliar confirmou os achados imuno-histoquímicos (Derebey et al 2017). As análises do exão 5 a 8 do p53 demonstraram mutações pontuais em 31 a 70 por cento dos carcinomas da vesícula biliar, e não foi identificado nenhum "ponto quente" específico. As deleções no locus do p53 (17p13) foram frequentemente (58 a 92 por cento) relatadas em carcinomas da vesícula biliar, indicando que a inativação do p53 desempenha um papel importante na patogénese desta neoplasia e as mutações do p53 nos carcinomas da vesícula biliar (Doi et al 2018). Não foram detetadas diferenças nas frequências das mutações do p53 entre os dois grupos. No entanto, as mutações dos casos japoneses incluíam transversões em 31% dos casos, com 46% de todas as mutações ocorrendo no par A:T. A sequência exacta das alterações moleculares que conduzem à transformação neoplásica no epitélio da vesícula biliar permanece incerta. Uma compreensão mais detalhada das anomalias moleculares mais precoces pode eventualmente fornecer métodos para avaliação de risco e deteção precoce do carcinoma da vesícula biliar (Doctor et al 2017). A acumulação excessiva da proteína p53 na displasia da vesícula biliar (0 a 32 por cento) e nas lesões de carcinoma in situ (45 a 86 por cento) sugere que a anomalia da p53 é um evento precoce. A presença de deleções no locus do P53 no epitélio histologicamente normal próximo do carcinoma da vesícula biliar e de mutações do P53 em lesões precursoras indicam um papel precoce e importante da inativação do P53 (Doi et al 2015).

10. **Patologia molecular**

A displasia e o carcinoma in situ precedem a maioria dos carcinomas da vesícula biliar. No entanto, existem provas indirectas de que pode ocorrer progressão de lesões precursoras para carcinoma infiltrativo (Doval et al 2015). A displasia e o carcinoma in situ são encontrados na mucosa adjacente à maioria dos carcinomas da vesícula biliar, por vezes separados histologicamente. Os doentes com displasia e carcinoma in situ são 15 e 5 anos mais novos, respetivamente, do que os doentes com carcinoma invasivo. Se forem examinadas várias secções de vesículas biliares removidas por colelitíase, a displasia e o carcinoma in situ são detectados em 13,5 por cento e 3,5 por cento dos casos, respetivamente. É consensual que, se for detectada displasia e carcinoma in situ, devem ser examinadas várias secções adicionais da vesícula biliar para excluir o cancro invasivo (Drzewiecka-J^drzejczyk et al 2017).

11. **Vitamina B**

Os estudos epidemiológicos que investigaram a associação entre o risco de cancro em locais específicos e as dietas ricas em vitamina B são em número limitado. Num estudo de caso-controlo, foi observada uma redução significativa do risco de GBC associada ao aumento da ingestão de vitamina B6 (piridoxina) (Gourgiotis et al 2015).

12. **Obesidade e factores de risco**

A composição nutricional da dieta é importante para determinar a quantidade de energia que é consumida e, em última análise, armazenada pelo corpo. Além disso, os padrões alimentares diários também podem influenciar a quantidade de alimentos ingeridos, faltar ao pequeno-almoço, petiscar e comer para compensar o stress tendem a promover uma alimentação excessiva e, consequentemente, a obesidade (Goetze et al 2015).

13. **Falta de pequeno-almoço/refeições**

Foi realizado um inquérito nos países do Sudeste Asiático para conhecer os padrões de pequeno-almoço. Verificou-se que mais de 10% das pessoas não tomam o pequeno-almoço. O jejum está associado à formação de cálculos e lamas na vesícula biliar, que são conhecidos por estarem associados à etiopatogénese do cancro da vesícula biliar. Durante o jejum, a bílis permanece durante mais tempo na vesícula biliar e no sistema biliar, quando a contração da vesícula biliar diminui. Os derivados do ácido cólico são os mais potentes dos carcinogéneos químicos. O mecanismo específico de como actuam como agentes cancerígenos não é claro, mas parece ser uma tarefa excitante descobrir se a estase da bílis na vesícula biliar e no sistema biliar, causada pelos hábitos alimentares, pode ou não induzir frequentemente o desenvolvimento de cancro da vesícula biliar (Moy t al 2015; Han et al 2018).

14. **Prevenção e controlo do cancro da vesícula biliar**

A colecistectomia é a mais frequente de todas as operações intra-abdominais. A incidência do cancro da vesícula biliar diminuiu consideravelmente, numa correlação inversa ao aumento das colecistectomias nos países desenvolvidos. Os potenciais benefícios da colecistectomia profiláctica para populações de baixo risco. Com base em modelos de análise de decisão, concluiu-se que os benefícios da colecistectomia profiláctica eram irrelevantes quando comparados com o tratamento expetante da doença do cálculo biliar (Mostafa et al 2017).

15. **Doença do cálculo biliar**

15.1. Epidemiologia

Os cálculos biliares são um problema comum nos países desenvolvidos. Os cálculos biliares são encontrados em 10% a 15% da população adulta, mas apenas cerca de 20% das pessoas com cálculos desenvolvem qualquer dor biliar ou complicações, como colecistite aguda, colangite ou pancreatite (Hu et al 2018). A taxa de mortalidade da doença do cálculo biliar é relativamente baixa, de 0,6%. As mulheres têm duas vezes mais probabilidades de desenvolver cálculos biliares do que os homens (Izarzugaza et al 2016; Miyazawa et al 2017). Alguns dos factores de risco para cálculos biliares de colesterol não são modificáveis, por exemplo, antecedentes étnicos e genéticos, aumento da idade e sexo feminino. Os factores de risco incluem a obesidade, a perda rápida de peso, o sedentarismo e a nutrição parentérica prolongada. Certas situações em que existe estase na vesícula biliar (lesão da medula espinal ou utilização de medicamentos como a somatostatina) aumentam o risco de cálculos biliares. O aumento da obesidade pode aumentar a prevalência de cálculos biliares de colesterol (Herrera Garcia et al 2014; Mitsuhashi et al 2017).

15.2. Patogénese e etiologia dos cálculos biliares

A formação de cálculos biliares é um processo complexo que depende de genes e de factores ambientais. Os cálculos biliares podem ser divididos em dois grupos principais: cálculos de colesterol e cálculos de pigmento. Na formação de cálculos biliares de colesterol, a bílis supersaturada é essencial (Matsumura et al 2017; Haneda et al 2018). A patologia dos cálculos biliares de colesterol não é totalmente compreendida e existem pessoas saudáveis com bílis supersaturada sem cálculos biliares. Parece que é necessária uma perturbação na cristalização da bílis e no esvaziamento da vesícula biliar. A obesidade, a perda rápida de peso, os triglicéridos séricos elevados e o consumo de álcool aumentam o risco de desenvolver cálculos biliares (Hiraki et al 2017). O aumento da atividade física pode diminuir o desenvolvimento de cálculos biliares sintomáticos. Os cálculos biliares pigmentares são classificados como "pretos" ou "castanhos". São compostos principalmente por hidrogenobilirrubinato de cálcio, que é oxidado nos cálculos "pretos", mas permanece não polimerizado nos cálculos "castanhos". Os cálculos negros formam-se na vesícula biliar estéril, mas os cálculos castanhos formam-se devido a estase e infeção bacteriana na árvore biliar. Os cálculos de pigmento preto podem formar-se devido a hemólise ou eritropoiese ineficaz (Ishikawa et al. 2017; Maharaj et al 2017).

16. Diagnóstico da doença do cálculo biliar

16.1. História do paciente e questionários

Cerca de um décimo da população dos países desenvolvidos tem cálculos biliares, mas apenas um quinto da mesma apresenta sintomas de cálculos biliares. Especialmente as dores epigástricas e hipocondríacas após alimentos fritos ou gordurosos, sem sintomas de queimadura cardíaca, foram associadas aos cálculos biliares. A relação entre sintomas suspeitos de cálculos biliares e cálculos biliares. Os pacientes submetidos a colecistectomia laparoscópica predizem factores para sintomas persistentes após colecistectomia (Jeong et al 2018; Madadi-Sanjani et al 2017). Os questionários podem ser úteis para identificar o tipo de impacto que os sintomas originados pelos cálculos biliares podem ter na qualidade de vida. Questionário específico da condição (CSQ) para pacientes com cálculos biliares. O questionário foi concebido com base numa análise de relatórios publicados, na modelação de equações estruturais (funcionamento físico, funcionamento sistémico, funcionamento social e funcionamento emocional), na contribuição de peritos e no feedback dos doentes. Eles descobriram que o CSQ era clinicamente relevante ao mostrar a relação com a prioridade avaliada pelo cirurgião (Jin et al 2018; Lizana et al 2018).

16.2. Exame físico

Uma vesícula biliar normal não é palpável. Uma vesícula biliar palpável com iterícia significa frequentemente que existe uma causa maligna (carcinoma do pâncreas ou da árvore biliar) ou, por vezes, pode existir outra obstrução crónica na árvore biliar (inflamação ou cálculos). Se a obstrução for acima do ducto cístico, não causa uma vesícula biliar palpável (Joob et al 2017). A obstrução crónica no ducto cístico pode dilatar a vesícula biliar sem iterícia e a inflamação está frequentemente associada a cálculos biliares, e a isquémia da vesícula biliar pode levar à calcificação transmural e evoluir para a chamada vesícula biliar de porcelana, que pode ser palpável (Johnson et al 2017; Liu et al 2017).

16.3. Modalidades de imagiologia

Os cálculos biliares podem ser visíveis numa radiografia simples, se contiverem cálcio suficiente, o que é possível em 15-20% dos casos. Por conseguinte, a radiografia simples é um método pouco eficaz para o rastreio de cálculos biliares. O ultrassom substituiu a colecistografia oral. O ultrassom oferece várias vantagens: é altamente sensível (>95%) e a colecistocintigrafia é altamente sensível no diagnóstico de colecistite aguda, mas não fornece informações sobre órgãos adjacentes (Joob et al 2017). No exame de colescistografia, um traçador radioativo é injetado por via intravenosa e deixado circular até ao fígado, onde é excretado no sistema biliar e armazenado pela vesícula biliar e pelo sistema biliar. No entanto, o exame de cholescintigrafia é raramente utilizado e não é efectuado como primeira linha devido ao custo elevado e ao carácter invasivo (Liu et al 2017). A tomografia computorizada é uma modalidade de imagem adjuvante útil quando os resultados da ecografia são equívocos ou o quadro clínico sugere doença de órgãos adjacentes (por exemplo, pancreatite). Pode demonstrar espessamento da parede da vesícula biliar, cálculos biliares (dependendo da composição), inflamação pericolecística e abcesso pericolecístico. Na tomografia computorizada, os doentes são expostos a radiação ionizante e nem todos os cálculos biliares são visíveis neste exame (Kakazu et al 2017; Lim et al 2017).

Fig: 3.A Foto da vesícula biliar normal em ultrassom

Fig: 3.B Vesícula biliar com cálculo biliar em ultrassom

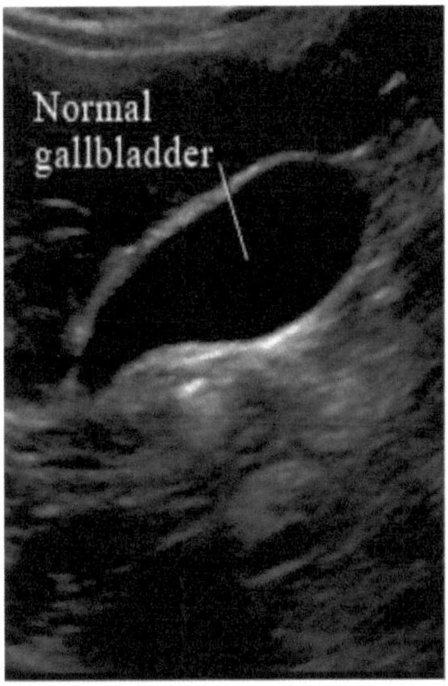

Figure 1

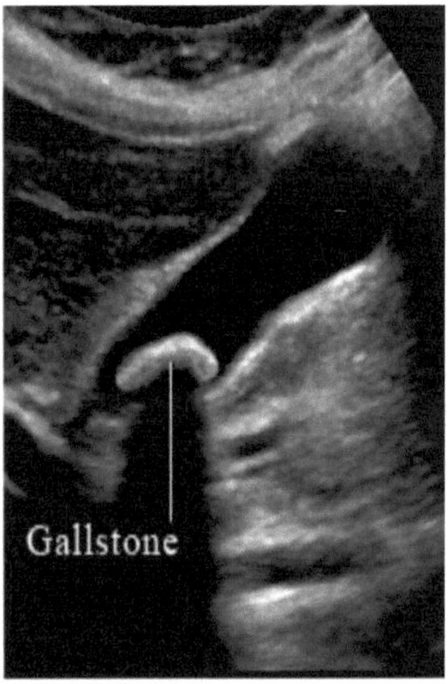

Figure 2

16.4. Diagnóstico diferencial

Existem várias razões para a dor abdominal aguda ou crónica, para além dos cálculos biliares. A causa mais comum de dor abdominal aguda foi a dor abdominal inespecífica (33,0%). A apendicite aguda foi a segunda razão mais comum (23,3%) para a dor abdominal e a doença biliar aguda (por exemplo, cólica biliar ou colecistite aguda) a terceira razão mais comum (8,8%). Na população masculina, a pancreatite e a gastrite alcoólicas, os cálculos renais e as úlceras pépticas também eram comuns. Na dor abdominal aguda, outras causas também devem ser lembradas (por exemplo, ataque cardíaco, rutura de aneurisma da aorta, isquémia visceral aguda) (Kang et al 2017; Li et al 2017).

16.5 Anatomia

A anatomia da vesícula biliar é relativamente simples, com a vesícula biliar aderente à superfície inferior do fígado ao longo dos segmentos hepáticos IV e V. É claro que a anatomia do ducto cístico e da artéria cística pode ser aberrante; mas, normalmente, o ducto cístico junta-se aos principais ductos biliares, definindo a junção dos ductos hepático comum e biliar comum, e a artéria cística é geralmente um ramo da artéria hepática direita (Leostic et al 2017). A drenagem venosa da vesícula biliar é predominantemente feita através do leito hepático. A parede da vesícula biliar, a menos que esteja doente, é mais fina do que a de outros órgãos de vísceras ocas porque não há submucosa (Kaushal-Deep et al 2018). A parede da vesícula biliar é composta por mucosa, uma camada muscular, tecido conjuntivo perimuscular e serosa na superfície peritoneal. O estádio T de um cancro da vesícula biliar está anatomicamente relacionado com a profundidade da invasão através da parede da vesícula biliar (Landolsi et al 2018). Os tumores T1a demonstram invasão da lâmina própria; os tumores T1b invadem a camada muscular; os tumores T2 invadem o tecido conjuntivo perimuscular sem extensão para além da serosa ou para o fígado; e os T3 perfuram a serosa e/ou penetram diretamente no fígado e/ou noutro órgão adjacente (Larsson et al 2017).

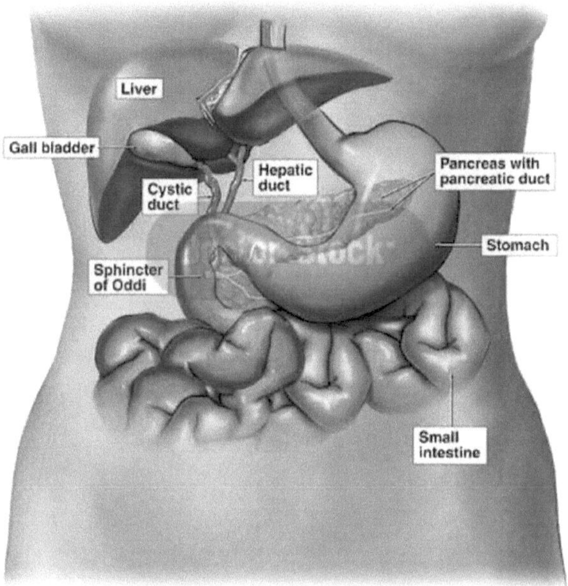

Fig: 4 Anatomia do abdómen

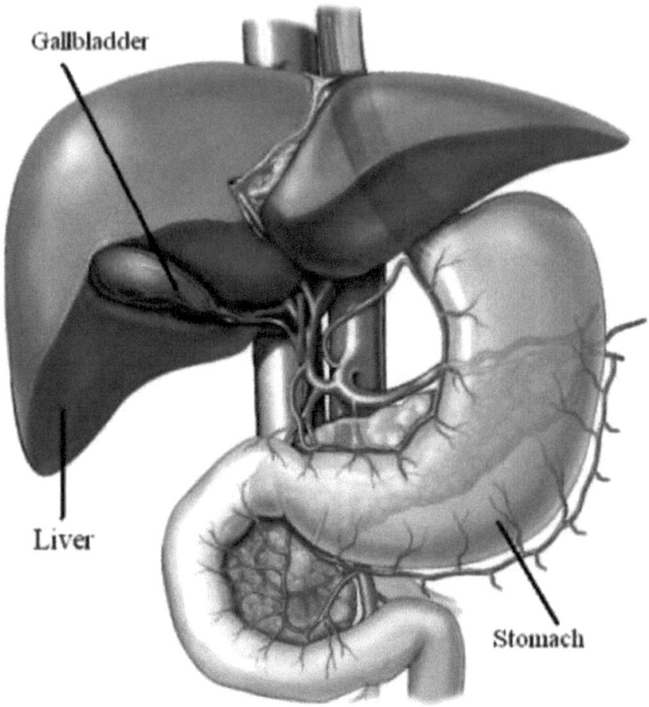

Fig : 5 Cancro da vesícula biliar (cálculos biliares ou colelitíase)

17. **Colecistectomia laparoscópica**

Em 1983, um ginecologista alemão, Kurt Semm (1983), efectuou a primeira apendicectomia endoscópica. Muito rapidamente após a descoberta de Mouret, a colecistectomia laparoscópica tornou-se popular sem ensaios aleatórios e, em 1993, os Institutos Nacionais de Saúde fizeram uma declaração de consenso sobre a colecistectomia laparoscópica ser a escolha do tratamento para a maioria dos pacientes com cálculos biliares sintomáticos (Kesrouani et al 2018). A técnica mais comum para colecistectomia laparoscópica é um procedimento de quatro trocartes (Kulkarni et al 2017). Existem várias alternativas na colocação do trocarte. Uma técnica comum é quando um cameratrocar é colocado no umbigo e três trocartes são colocados na linha subcostal direita. Existem alguns estudos que sugerem que menos trocartes (dois ou três) podem diminuir a dor pós-operatória, mas que a operação pode ser mais difícil de realizar (Kesrouani et al 2018). Tradicionalmente, o método preferido na colecistectomia laparoscópica tem sido a dissecção anterógrada, o que significa que a dissecção da vesícula biliar começa a partir do colo da vesícula biliar. Na colecistectomia aberta difícil, é frequentemente utilizada uma dissecção retrógrada ("primeiro o fundo") para ter a certeza da anatomia do ducto cístico. Se houver dificuldades em identificar as estruturas do triângulo de Calot, uma dissecção retrógrada pode ser usada com sucesso também na colecistectomia laparoscópica (Koppatz et al 2017). A dissecção retrógrada pode diminuir o risco de conversão para colecistectomia aberta e lesões do ducto biliar comum. No entanto, a colecistectomia subtotal ou a conversão não devem ser adiadas se, após o pescoço da vesícula biliar ser alcançado, a anatomia ainda não for clara. (Kim et al 2018) A obesidade era uma contraindicação para colecistectomia laparoscópica nos primeiros anos, mas já em 1992 dois estudos indicaram que a obesidade não é uma contraindicação, mas sim uma indicação para colecistectomia laparoscópica (Kim et al 2017).

18. **Imagem por ressonância magnética (MRI)**

A ressonância magnética (RM) não tem essencialmente nenhum papel como modalidade de imagem primária para a deteção de cálculos biliares na vesícula biliar, mas é importante na avaliação de complicações associadas (por exemplo, colecistite aguda, pancreatite e obstrução biliar). Na deteção de cálculos biliares, a sensibilidade da RM é de aproximadamente 90 - 95% e os cálculos no CBD podem ser detectados com uma sensibilidade muito maior do que com a ultrassonografia (Koca et al 2017). A colangiopancreatografia retrógrada endoscópica (CPRE) era o padrão de referência para a deteção de cálculos no CBD, mas a RM substituiu a CPRE como modalidade de imagem de primeira linha para cálculos no CBD. A CPRE é uma operação invasiva com risco de complicações e que expõe o doente a radiações ionizantes. A CPRE é, por conseguinte, reservada à intervenção terapêutica e não a uma ferramenta de diagnóstico. (Kohli et al 2017)

Existem relatos na literatura que descrevem a utilidade da ressonância magnética (RM) e das técnicas rápidas de RM, incluindo a RM dinâmica com gadolínio e as imagens de colangiopancreatografia por ressonância magnética (CPRM), na avaliação do CG. Nas imagens ponderadas em T1, o tumor aparece como uma massa hipo ou isointensa, enquanto nas imagens ponderadas em T2, todas as massas tumorais são heterogeneamente hiperintensas. Após a administração de contraste, todos os tumores apresentam realce. A RM é particularmente útil para visualizar a invasão do ligamento hepatoduodenal, o encasulamento da veia porta e o envolvimento dos gânglios linfáticos.

19. **Perspectivas futuras**

Os tratamentos minimamente invasivos estão a difundir-se rapidamente em todo o mundo. A colecistectomia laparoscópica é o padrão de ouro no tratamento de cálculos biliares sintomáticos. É difícil desenvolver uma nova estratégia para o tratamento de cálculos biliares sintomáticos com melhores resultados do que a colecistectomia laparoscópica. A colecistectomia por minilaparotomia parece ser um método igual à colecistectomia laparoscópica, e pode ser menos dispendiosa com instrumentos simples, uma vez que não há necessidade de instrumentos descartáveis. A laparoscopia de incisão única e a cirurgia transluminal de orifício natural não convenceram os cirurgiões, e ambos os métodos parecem exigir uma longa curva de aprendizagem sem oferecer quaisquer benefícios especiais em comparação com a colecistectomia laparoscópica convencional ou a minilaparotomia. Embora a cirurgia robótica seja dispendiosa, tornou-se rapidamente popular em alguns domínios da cirurgia (por exemplo, a prostatectomia radical). A cirurgia robótica não trouxe qualquer benefício na cirurgia do cálculo biliar, mas os avanços tecnológicos no futuro podem alterar a situação. Quando forem desenvolvidos novos "robots" e estes se tornarem mais baratos, poderão tornar-se mais populares na cirurgia do cálculo biliar. A cirurgia robótica pode ajudar a operação em situações difíceis. Dá também a possibilidade de efetuar uma consulta imediata "à distância" durante a operação. De acordo com os resultados do estudo VI, parece que a dissecção ultra-sónica pode proporcionar melhores resultados na colecistectomia por minilaparotomia. Ainda não é claro se a técnica de incisão na minilaparotomia é importante ou não. É necessário poupar o músculo reto abdominal e qual o comprimento da incisão considerada minilaparotomia?

A influência da isoforma p53 p530 na sua transcrição, bem como as suas interações com outros genes-alvo que causam cancro, está sujeita a uma avaliação mais aprofundada através de RT-PCR, que fornece uma estimativa quantitativa dos níveis relativos de expressão, análise de imunotransferência para confirmar a natureza das isoformas, bem como diferentes métodos de eliminação de genes para determinar o papel de cada isoforma p53.

20. **Conclusão**

O processo de carcinogénese da vesícula biliar está geralmente relacionado com uma história de colelitíase. Apenas uma pequena fração dos doentes com cálculos biliares de colesterol desenvolve cancro da vesícula biliar. É importante identificar os factores (dietéticos ou outros) que induzem a progressão da colelitíase para o cancro da vesícula biliar ou que causam cancro da vesícula biliar independentemente da colelitíase. Isto pode permitir a identificação e o tratamento precoce dos cálculos biliares em indivíduos susceptíveis dentro de populações de alto risco. As limitações do estudo epidemiológico do cancro da vesícula biliar incluem a pequena dimensão das populações estudadas e problemas na quantificação da exposição a factores de risco exógenos putativos, particularmente xenobióticos potencialmente cancerígenos. As populações de alto risco nas quais são utilizados biomarcadores precisos de exposição a vários factores de risco e os factores genéticos são avaliados serão de grande valor para responder a várias das questões. A prevenção primária do cancro da vesícula biliar não é esperada num futuro próximo. No entanto, a prevenção secundária, orientada principalmente para o tratamento de cálculos biliares sintomáticos, deve ser enfatizada em áreas endémicas onde a colelitíase é altamente prevalente. A colecistectomia laparoscópica profiláctica pode ser rentável nos países desenvolvidos, mas não é aconselhável num país como a Índia, com uma população tão grande. É evidente que são urgentemente necessários programas de intervenção para diminuir o número de vesículas biliares em risco de desenvolvimento de cancro da vesícula biliar em áreas de alto risco Os cálculos biliares constituem um problema de saúde significativo nas sociedades desenvolvidas, afectando 10% a 15% da população adulta. No entanto, até 80% nunca terão dores biliares ou complicações como a colecistite aguda, a colangite ou a pancreatite. Muitos cálculos biliares não apresentam sintomas clínicos, sendo um achado incidental frequentemente descoberto durante uma ecografia abdominal realizada por outro motivo (Stinton et al 2012). A etiologia dos cálculos biliares é multifatorial, existindo factores genéticos e razões ambientais para os cálculos biliares.

Espera-se que o p53, sendo um gene supressor de tumores, não seja expresso pelas células cancerosas. Mas as células do carcinoma dos gânglios linfáticos mostram a expressão do p53, bem como da sua isoforma truncada p530. Isto indica que pode haver alguma outra mutação ou aberração envolvida na formação do cancro, que pode estar dependente da expressão do p53. Além disso, as interações do p53 com outros genes relacionados com o cancro mostram que a isoforma p530 do p53 influencia essas interações, mostrando frequentemente um comportamento anormal do gene supressor de tumores. Como já foi referido, a p530 pode influenciar a atividade transcricional do p53 ou formar um complexo com o p53, modulando assim as suas interações com outros genes.

Conflitos de interesses

Os autores declaram não haver potenciais conflitos de interesses

Agradecimentos

Agradeço ao pessoal de apoio da Unidade de Investigação Multidisciplinar e do Departamento de Cirurgia do Government Medical College, Haldwani, Nainital, Uttarakhand, Índia, pelas amostras fornecidas de carcinoma da vesícula biliar. Este estudo foi financiado pelo Departamento de Saúde e Investigação, Nova Deli, Índia. Estou muito grato ao Diretor do Government Medical College, Haldwani, Nainital, Uttarakhand, Índia, por ter cedido um local de investigação para este trabalho.

Referências

1. Adachi K, Hashimoto K, Nonaka R, Moon JH, Fujie Y, Fujita S, Kojima K, Hanai J, Imaoka S, Ohnishi T. A Case of Xantho granulomatous Cholecystitis that Changed Over Time and Was Difficult to Distinguish from Advanced Gallbladder Cancer. Gan To Kagaku Ryoho. 2017; 44:1925-1927.
2. Agarwal AK, Javed A, Kalayarasan R, Sakhuja P. Minimamente invasiva versus a abordagem cirúrgica aberta convencional de uma colecistectomia radical para o cancro da vesícula biliar: um estudo comparativo retrospetivo. HPB (Oxford). 2015; 17: 536-41.
3. Ahmed O, Rogers AC, Bolger JC, Mastrosimone A, Lee MJ, Keeling AN, Cheriyan D, Robb WB. Meta-análise dos resultados da drenagem endoscópica da vesícula biliar guiada por ultrassom versus colecistostomia percutânea para o tratamento da colecistite aguda. Surg Endosc. 2018;5:223- 238.
4. A Masri S, Shaib Y, Edelbi M, Tamim H, Jamali F, Batley N, Faraj W, Hallal A. Predicting Conversion from Laparoscopic to Open Cholecystectomy: Um estudo retrospetivo de uma única instituição. World J Surg. 2018;3:12-18
5. Anderloni A, Attili F, Sferrazza A, Rimbas M, Costamagna G, Repici A, Larghi A. EUS-guided gallbladder drainage using a lumen-apposing self-expandable metal stent in patients with coagulopathy or anticoagulation therapy: a case series. Endosc Int Open. 2017;5:1100-1103.
6. Bakshi C, Ruff S, Caliendo F, Agnew J. Colecistite aguda em uma hérnia paraestomal causando uma obstrução do intestino

delgado. J Surg Case Rep. 2017; 29: 4-9.

7. Bargellini P, Orlandi R, Paloni C, Rubini G, Fonti P, Righi C, Peterson ME, Rishniw M, Boiti C. O ultrassom com contraste complementa a ultrassonografia bidimensional no diagnóstico de doenças da vesícula biliar em cães. Vet Radiol Ultrasound. 2018; 2:911-915.
8. Bharamgoudar R, Sonsale A, Hodson J, Griffiths E; Grupo de Estudo CholeS, West Midlands Research Collaborative. The development and validation of a scoring tool to predict the operative duration of elective laparoscopic cholecystectomy. Surg Endosc. 2018; 16: 216-219.
9. Bittencourt MCB, Atanazio MJ, Xavier EM, Costa SF. Pioderma gangrenoso pós-cirúrgico após um transplante autólogo de células estaminais para mieloma múltiplo. BMJ Case Rep. 2018; 5: 45-49.
10. Bo X, Wang J, Fu Q, Wang Y, Liu H, Xu J. A expressão de Stathmin 1 prevê o prognóstico e os benefícios da quimioterapia adjuvante em doentes com carcinoma da vesícula biliar. Oncotarget. 2017;8:108548-108555.
11. Braun M, Kuncman W, Teresinski L, Kupnicki P, Jesionek-Kupnicka D, Kordek R. Pure hepatocellular carcinoma originates from an ectopic liver nodule located in the pancreas. Contemp Oncol (Pozn). 2017; 21:311-314.
12. Burchell RK, Thornton L, Lim CK, Murakami M, Nakamura Y, Gal A. Presumível migração da mucocoele da vesícula biliar em dois cães com rutura da vesícula biliar. J Small Anim Pract. 2017; 13: 551-554.

13. Castelo Branco M, Estevinho F, Correia Pinto J, Honavar M, Raposo C, Silva AC, Sottomayor C. Cancro da Vesícula Biliar: Ressecção Completa após Tratamento de Segunda Linha na Doença em Estadio IV. J Gastrointest Cancer. 2018; 4: 441-444.

14. Castro FA, Liu X, Forsti A, Ji J, Sundquist J, Sundquist K, Koshiol J, Hemminki K. Increased risk of hepatobiliary cancers after hospitalization for autoimmune disease. Clin Gastroenterol Hepatol. 2014;12:1038-1045.

15. Chaly T, Campsen J, O'Hara R, Hardman R, Gallegos-Orozco JF, Thiesset H, Kim RD. Mucocele a imitar uma vesícula biliar num fígado transplantado: Um relato de caso e revisão da literatura. World J Transplant. 2017;7:359-363.

16. Choi EK, Park HB, Lee KH, Park JH, Eisenhut M, van der Vliet HJ, Kim G, Shin JI. Body mass index and 20-specific cancers: re-analyses of dose-response meta-analyses of observational studies. Ann Oncol. 2017; 28: 278-281.

17. Derebey M, Karabicak I, Yuruker S, Lap G, Meydan BC, Danaci M, Karabulut K, Ozen N. Um primeiro relatório de adenoma hepático intracapsular e extracapsular síncrono. Case Rep Surg. 2017; 3(2):9053568.

18. Doutor NH, Dhakre VW. Sinistroposição do lado esquerdo da vesícula biliar: apresentação incidental durante a colecistectomia eletiva. BMJ Case Rep. 2017;13:332-337.

19. Doi S, Yasuda I, Mabuchi M, Iwata K, Ando N, Iwashita T, Uemura S, Okuno M, Mukai T, Adachi S, Taniguchi K. Um procedimento híbrido que combina lavagem endoscópica da vesícula biliar e drenagem interna com colecistectomia electiva

para colecistite aguda: um estudo piloto prospetivo (The BLADE study). Dig Endosc. 2018:5;667-670.

20. Doi Y, Takii Y, Ito H, Jingu N, To K, Kimura S, Kimura K, Sanefuji K, Ikeda H, Tachibana S, Otsuka T. Usefulness of Endoscopic Managements in Patients with Ceftriaxone- Induced Pseudolithiasis Causing Biliary Obstruction. Case Rep Med. 2017;5: 4: 3835825.
21. Doval D, Prabhash K, Patil S, Chaturvedi H, Goswami C, Vaid A, Desai S, Dutt S, Veldore V, Jambhekar N, Mehta A, Hazarika D, Azam S, Gawande S, Gupta S. Clinical and epidemiological study of *EGFR* mutations and *EML4-ALK* fusion genes among Indian patients with adenocarcinoma of the lung. Onco Targets Ther. 2015;8:117-123.
22. Drzewiecka-J^drzejczyk M, Wlazel R, Terlecka M, Jablonski S. Serum metalloproteinase-2 and tissue inhibitor of metalloproteinase-2 in lung carcinoma patients. J Thorac Dis. 2017;9:5306-5313.
23. Ezzeddine H, Husari A, Nassar H, Kanso M, Nounou GE, Khalife M, Faraj W. Complicações com risco de vida pós-lipoaspiração. Cirurgia Plástica Estética. 2018;31:443-448.
24. Farooq A, Reso A, Harvey A. Instant replay: Avaliação do feedback instantâneo de vídeo em novatos cirúrgicos para uma dissecção laparoscópica da vesícula biliar. Am J Surg. 2018;25:332-335.
25. Feo CF, Cossu ML, Ginesu GC, Ginesu GC, Fancellu A, Scanu AM, Piras N, Cherchi G, Cossu A, Sotgiu G, Pazzona M, Porcu A. Perineural infiltration as a prognostic fator in cirurgically

treated gallbladder cancer A single center experience and literature review. Ann Ital Chir. 2017; 88: 485-490.

26. Garruti G, Wang DQ, Di Ciaula A, Portincasa P. Colecistectomia: um caminho para a frente e de volta à síndrome metabólica? Lab Invest.2018;98:4-6.
27. Gartlehner G, Patel SV, Feltner C, Weber RP, Long R, Mullican K, Boland E, Lux L, Viswanathan M. Hormone Therapy for the Primary Prevention of Chronic Conditions in Postmenopausal Women: Relatório de Evidências e Revisão Sistemática para a Força-Tarefa de Serviços Preventivos dos EUA. JAMA.2017:12;2234-2249.
28. Goetze TO. Carcinoma da vesícula biliar: factores de prognóstico e opções terapêuticas. World J Gastroenterol. 2015;21:12211- 12217.
29. Gourgiotis S, Oikonomou C, Kollia P, Falidas E, Villias C. Tosse persistente como o primeiro sintoma de adenocarcinoma mucinoso primário do apêndice. J Clin Med Res. 2015;7:649-652.
30. Han HS, Yoon YS, Agarwal AK, Belli G, Itano O, Gumbs AA, Yoon DS, Kang CM, Lee SE, Wakai T, Troisi RI. Laparoscopic Surgery for Gallbladder Cancer (Cirurgia laparoscópica para o cancro da vesícula biliar): Uma Declaração de Consenso de Especialistas. Dig Surg. 2018;16:556-559
31. Haneda M, Hayashi S, Matsumoto T, Hashimoto S, Takayama K, Chinzei N, Kihara S, Takeuchi K, Nishida K, Kuroda R. A depleção da aquaporina 1 diminuiu a expressão de ADAMTS-4 em condrócitos humanos. Mol Med Rep. 2018;2:334-337.
32. Herrera Garcia WE, Perez Verti Ramirez J, Lares-Asseff I.

Colecistectomia laparoscópica em um paciente com sistema de derivação culoperitoneal ventri Bol Med Hosp Infant Mex. 2014;71:303-306

33. Hiraki M, Ueda J, Kono H, Egawa N, Saeki K, Tsuru Y, Ide T, Noshiro H. Um caso de síndrome de Mirizzi que foi tratado com sucesso por coledocoplastia laparoscópica usando um remendo da vesícula biliar. J Surg Case Rep.2017;7:448-451.
34. Hu YP, Wu ZB, Jiang L, Jin YP, Li HF, Zhang YJ, Ma Q, Ye YY, Wang Z, Liu YC, Chen HZ, Liu YB. STYK1 promove a proliferação de células cancerígenas e a transformação maligna através da ativação da via PI3K-AKT no carcinoma da vesícula biliar. Int J Biochem Cell Biol. 2018;97:16-27.
35. Ishikawa T, Nishikawa M, Nakamoto H, Yokoyama R, Taketomi A. Ressecção anterior laparoscópica para câncer retal em um paciente com um shunt ventrículo-peritoneal. Asian J Endosc Surg. 2017;19:778-781.
36. Izarzugaza MI, Fernandez L, Forman D, Sierra MS. Carga do cancro da vesícula biliar na América Central e do Sul. Cancer Epidemiol.2016;44:82-89.
37. Jeong SH, Kim P, Yi SW, Kim YJ, Baeg MK, Yi JJ. Body Mass Index and Gastrointestinal Cancer Mortality in Korean Adults (Índice de Massa Corporal e Mortalidade por Cancro Gastrointestinal em Adultos Coreanos): A Prospective Cohort Study. J Gastroenterol Hepatol. 2018;6:89-93.
38. Jin YP, Hu YP, Wu XS, Wu YS, Ye YY, Li HF, Liu YC, Jiang L, Liu FT, Zhang YJ, Hao YJ, Liu XY, Liu YB. miR- 143-3p direcionamento de ITGA6 suprime o crescimento tumoral e a

angiogênese, regulando negativamente a expressão de PLGF através da via PI3K / AKT no carcinoma da vesícula biliar. Cell Death Dis.2018;7:182.

39. Johnson R, Ravenhall M, Pickard D, Dougan G, Byrne A, Frankel G. Comparison of *Salmonella enterica* serovars Typhi and Typhimurium reveals typhoidal-specific responses to bile. Infect Immun. 2017;111;78-83.
40. Joob B, Wiwanitkit V. Carta ao Editor Comentando "Patterns of Gall Bladder Wall Thickening in Dengue Fever" - Resposta. Ultrasound Int Open. 2017;3:166-169.
41. Kakazu A, Watanabe T, Komori K, Mikayama Y, Jin Y, Hasuo K, Masuda M. Sobrevivência a longo prazo após ressecção para recorrência repetida da parede abdominal do câncer de vesícula biliar. Gan To Kagaku Ryoho.2017;44:1317-1319.
42. Kang JD, Kim H, Jin L, Guo Q, Cui CD, Li WX, Kim S, Kim JS, Yin XJ. Porcos apancreáticos clonados utilizando fibroblastos com disrupção de Pdx1 criados através de mutagénese mediada por TALEN. Oncotarget. 2017;14:115480-115489.
43. Kaushal-Deep SM, Anees A, Khan S, Khan MA, Lodhi M. Estudo aleatório controlado de infiltração intraincisional versus instilação intraperitoneal de dose padronizada de ropivacaína 0,2% na dor pós colecistectomia laparoscópica: Será que realmente precisamos de altas doses de anestésicos locais - tempo para repensar. Surg Endosc.2018;16:45-49.
44. Kesrouani A, Nassif N, Nasr B, Choueiry E, Chalouhi G. Caraterísticas do ultrassom e resultado da colelitíase fetal

diagnosticada no pré-natal. J Matern Fetal Neonatal Med.2018 17: 1-5.

45. Kim DB, Paik CN, Song DS, Kim YJ, Lee JM. As Caraterísticas do Supercrescimento Bacteriano do Intestino Delgado em Pacientes com Doenças do Cálculo Biliar. J Gastroenterol Hepatol. 2018; 34:889-891.
46. Kim TG. Padrões de falha inicial após a ressecção do cancro da vesícula biliar: implicações para a radioterapia adjuvante. Radiat Oncol J. 2017;35:359-367.
47. Koca YS, Bulbul M, Barut I. Os papéis diagnósticos das citocinas nos cânceres hepatobiliares. Biomed Res Int.2017;89:297-307.
48. Kohli DR, Anis M, Shah T. Fístula colecistoentérica mascarada como uma massa subepitelial sangrenta. ACG Case Rep J. 2017;20;125-129.
49. Koppatz H, Nordin A, Scheinin T, Sallinen V. The risk of incidental gallbladder cancer is negligible in macroscopically normal cholecystectomy specimens. HPB (Oxford). 2017;13:67-69.
50. Kulkarni A, Sharma VK, Nabi F. Mutação do gene PDX1 com diabetes mellitus neonatal permanente com pâncreas anular, atresia duodenal, vesícula biliar hipoplásica e insuficiência pancreática exócrina. Indian Pediatr. 2017;15:1052-1053.
51. Landolsi S, Landolsi M, Mannai S. Fístula espontânea da vesícula biliar do ramo da artéria hepática direita revelada por hemobilia e sangramento gastrointestinal cataclísmico superior. BMJ Case Rep.2018;56:886-891.

52. Larsson SC, Kansson NH, Wolk A. Padrões alimentares saudáveis e incidência de cancro do trato biliar e da vesícula biliar num estudo prospetivo de mulheres e homens. Eur J Cancer.2017;70: 42-47.

53. Leostic A, Tran PL, Fagot H, Boukerrou M. Elevação da gonadotrofina coriónica humana sem gravidez: um caso de carcinoma da vesícula biliar. J Gynecol Obstet Hum Reprod. 2017;67:552-557.

54. Li S, Tan J, Zhang H, Huang G, Deng D, Jiang Q. Discussão sobre as regras de seleção de acupontos para a demência vascular. Zhongguo Zhen Jiu. 2017;7:785-790.

55. Lim JU, Joo KR, Won KY, Lim SJ, Joo SH, Yang YJ. Preditor de fração de ejeção anormal da vesícula biliar em doentes com dor biliar atípica: Ponto de vista histopatológico. Medicine (Baltimore).2017;51:9269.

56. Liu A, Xu W, Xu H, Wang Y, Gu YM. Efeito terapêutico da quimioembolização arterial transcateter combinada com ablação por micro-ondas guiada por ultra-sons para o tratamento do cancro do fígado em locais especiais. Zhonghua Gan Zang Bing Za Zhi. 2017;20:914-919.

57. Liu W, Chen W, He X, Qu Q, Hong T, Li B. A colecistectomia com cauterização do leito da vesícula biliar pode ser suficiente para o carcinoma neuroendócrino T1bN0M0 da vesícula biliar: Relato de caso e revisão da literatura. Medicina (Baltimore). 2017:47;8778-8782.

58. Lizana H, Johansson L, Axelsson JE, Larsson Stromvall A, Ogren M, Linder J, Halldin C, Varrone A, Mo SJ.

Biodistribuição de corpo inteiro e dosimetria do radioligante transportador de dopamina F-FE-PE2I em seres humanos. J Nucl Med.2018;18:991-993.

59. Madadi-Sanjani O, Wirth TC, Kuebler JF, Petersen C, Ure BM. Cisto de colédoco e malignidade: Um apelo para o acompanhamento ao longo da vida. Eur J Pediatr Surg. 2017;19:993-997.
60. Maharaj R, Cave C, Sarran K, Bascombe N, Dan D, Greaves W, Warner WA. Um relato de caso da variante de células claras do carcinoma da vesícula biliar. Internat J Surg Case Rep. 2017; 32: 36-39.
61. Matsumura T, Komatsu S, Komaya K, Ando K, Arikawa T, Ishiguro S, Saito T, Osawa T, Kurahashi S, Uchino T, Yasui K, Kato S, Suzuki K, Kato Y, Sano T. Fechamento do orifício do ducto cístico na colecistectomia subtotal laparoscópica para colecistite grave. Asian J Endosc Surg. 2017;13:67-70.
62. Mitsuhashi Y, Kimura N, Ishido K, Kudo D, Wakiya T, Yakoshi Y, Toyoki Y, Hakamada K., Câncer de ducto cístico com metástase hepática pós-operatória que obteve resposta completa após tratamento com gemcitabina - um relato de caso. Gan To Kagaku Ryoho.2017;12:1098-1100.
63. Miyazawa K, Yoshioka S, Shiobara M, Wakatsuki K, Arai S, Suda K, Aida T, Miyoshi T, Saito H, Yamazaki K. Relato de um caso de sobrevivência a longo prazo após excisão para implantação de biópsia por agulha e hepatectomia para colangiocarcinoma com hemorragia da vesícula biliar. Gan To Kagaku Ryoho. 2017;44:1589-1591.

64. Mostafa ME, Erbarut-Seven I, Pehlivanoglu B, Adsay V. Classificação patológica dos "cancros do pâncreas": conceitos e desafios actuais. Chin Clin Oncol.2017;6:59-61.

65. Moy AP, Shahid M, Ferrone CR, Borger DR, Zhu AX, Ting D, Deshpande V. Instabilidade de microssatélites no carcinoma da vesícula biliar. Virchows Arch.2015;466:393-402.

66. Munoz C, Marino C, Morales E. Colecistectomia radical totalmente laparoscópica (linfadenectomia e ressecção hepática do segmento IVb-V) após carcinoma incidental da vesícula biliar (com vídeo). J Visc Surg.2018;86:778-781.

67. Naim H, Hasan SA, Khalid S, Abbass A, DSouza J. Colecistite clínica na ausência da vesícula biliar. Cureus. 2017;9:1834-1837.

68. Qadan M, Kingham TP. Aspectos técnicos da cirurgia do cancro da vesícula biliar. Surg Clin North Am.2016;96:229-245.

69. Shen HX, Song HW, Xu XJ, Jiao ZY, Ti ZY, Li ZY, Ren B, Chen C, Ma L, Zhao YL, Zhang GJ, Ma JC, Geng XL, Zhang XD, Shi JS, Wang L, Geng ZM. Inquérito epidemiológico clínico sobre o carcinoma da vesícula biliar no noroeste da China. 20092013: 2379 casos em 17 centros. Chronic Dis Trans Med. 2017;3:60-66.

70. Takahashi H, Suzuki Y, Higuchi K, Yoshinouchi S, Enomoto N, Yoshida T, Ohno R, Mutoh M, Hirokawa K.Um caso de carcinoma da vesícula biliar que produz alfa-fetoproteína (AFP) com tumor hepático metastático. Gan To Kagaku Ryoho.2017;44:1182-1184.

71. Takeda Y, Noguchi K, Tomimaru Y, Nagase H, Hamabe A,

Hirota M, Tanida T, Oshima K, Morita S, Imamura H, Iwazawa T, Akagi K, Ando H, Adachi S, Dono K. Caso de adenocarcinoma com carcinoma neuroendócrino Componente na vesícula biliar. Gan To Kagaku Ryoho.2017;44:2032-2034.

72. Tarantino G, Magistri P, Ballarin R, Assirati G, Di Cataldo A, Di Benedetto F. Cirurgia na litíase biliar: da abordagem tradicional "aberta" à laparoscopia e à técnica "rendezvous". Hepatobiliary Pancreat Dis Int.2017;16:595-601.

73. Trenker C, Dohse M, Metzelder S, Ramaswamy A, Hundt W, Gorg C. Apresentação do cloroma da vesícula biliar em imagens de modo B e ultrassom com contraste (CEUS) em um paciente com leucemia mielomonocítica aguda (AML M5). Ultrassom Int 2017 3(4):163-E164

74. Vasconcellos M, Cozer K, Diniz VS, Baetas-da-Cruz W, Ferreira ML, Silva PC, Schanaider A. Cholecystectomy during ceftriaxone therapy. Um estudo translacional com um novo modelo em coelhos. Ata Cir Bras. 2017 32(12):995-1005.

75. Vassella E, Langsch S, Dettmer MS, Schlup C, Neuenschwander M, Frattini M, Gugger M, Schafer SC. Perfil molecular do carcinoma adenoescamoso do pulmão: tipo híbrido ou genuíno. Oncotarget. 2015; 6 : 23905-23916.

76. Yoon YS, Han HS, Agarwal A, Belli G, Itano O, Gumbs AA, Yoon DS, Kang CM, Lee SE, Wakai T, Troisi RI. Resultados da pesquisa da reunião de especialistas em cirurgia laparoscópica para câncer de vesícula biliar e uma revisão da literatura relevante. Dig Surg. 2018 16.

77. Zhang K, Guo J, Sun S. Drenagem da vesícula biliar assistida por âncora de punção recuperável: Atirando a vesícula biliar uma linha de vida. Endosc Ultrasound. 2017 6(6):355-358

78. Zhu WJ, Kobayashi M, Yamada K, Nishi K, Takahashi K, Mizutani A, Nishii R, Flores LG 2nd, Shikano N, Kunishima M, Kawai K. Desenvolvimento de acetaminofeno marcado com radioiodo para imagens específicas de alto contraste de melanoma maligno. Nucl Med Biol. 2018 59: 16-21.

MIX
Papier aus verantwortungsvollen Quellen
Paper from responsible sources
FSC® C105338

Printed by Books on Demand GmbH, Norderstedt / Germany